BIBLIOTHÈQUE MORALE

DE

LA JEUNESSE

—

7ᵉ SÉRIE IN-12

Oies.

Lapins.

CHOSES UTILES

LES

HALLES DE PARIS

Poules, Pigeons, Lapins

Par Henri VAN LOOY

ROUEN

MÉGARD ET Cᵒ, LIBRAIRES-ÉDITEURS

1885

LES

HALLES DE PARIS.

La distribution des prix venait d'avoir lieu à l'établissement de Mme Durand, qui dirigeait à Paris, depuis un grand nombre d'années, une institution de demoiselles, aussi renommée par la force des études que par l'excellence de l'éducation. Aussi les familles les plus distinguées de la capitale et de la province n'hésitaient point à lui confier leurs enfants.

L'habile directrice avait surtout le talent de se faire aimer, et il ne se passait pas de jour que ses élèves ne reçussent quelque preuve de sa bonté. Toutes ensemble, et chacune d'elles en particulier, et cela sans cesse, étaient l'objet de ses préoccupations presque maternelles.

Au milieu de tant de travaux que lui imposait le gouvernement de la pension, et de tant d'affaires de tout genre qui en résultaient, chaque élève avait une place distincte dans sa pensée. Elle connaissait tout, devinait tout. Perfectionnement dans les études, bons conseils, sages réprimandes, soins de l'esprit, soins du cœur, soins de la santé, Mme Durand ne perdait de vue aucune de ces choses. Elle ne dédaignait pas même de s'occuper des récréations, et continuellement elle inventait de nouvelles distractions, des surprises, des spectacles, des joies, en sorte que sa maison était pleine de travail, pleine de bonnes œuvres, et pleine d'enchantement.

Comment ses élèves ne l'auraient-elles pas aimée? Aussi, depuis deux ou trois jours, les jeunes filles étaient dans les adieux et dans les larmes. Beaucoup d'entre elles s'en allaient pour ne plus revenir, et les moins affligées d'en avoir fini avec le pensionnat ne pouvaient le quitter sans regret. Mme Durand était aussi fort affligée.

— Consolez-vous, madame, lui dit Elise d'une voix émue. Nos compagnes sont parties, mais nous vous restons, Marie, Lucie et moi, pendant ces vacances. L'éloignement de nos parents, en ce moment aux colonies, nous permet de ne pas vous quitter. Nous regrettons certainement de ne pas les rejoindre, mais il nous est doux de passer nos vacances auprès de vous.

— Je n'ai jamais douté de votre affection, mes amies, répondit la sage directrice.

— Vous avez bien raison, madame, dit Marie à son tour.

— Nous emploierons utilement nos vacances, ajouta Lucie. Il nous reste encore tant de choses à apprendre, et si vous voulez bien nous continuer vos leçons.....

— Très volontiers, mes amies. Mais je ne puis penser sans chagrin aux chères enfants qui viennent de me quitter pour toujours....

— Cette bonne Emilie, dit Elise, il fallut presque l'entrainer par force hors du parloir.

— Et Louise, reprit Lucie, qui rem-
plissait tantôt la maison de ses sanglots
déchirants!

— J'en suis encore tout émue, dit
Mme Durand, et néanmoins je dois faire
un effort pour oublier.... Ces tristes scènes
se renouvellent chaque année, et pourtant
je n'y puis rester insensible. Ma seule conso-
lation est d'avoir rempli en conscience la
mission dont les parents de mes chères
élèves m'avaient chargée.

— Oh! oui, madame, vous êtes pour
nous toutes une véritable mère, dit Elise.

En ce moment, le son d'une cloche se
fit entendre.

— On m'appelle, dit Mme Durand. A
bientôt, je ne tarderai pas à revenir.

Les trois élèves descendirent alors au
jardin, et se consultèrent sur ce qu'elles

allaient faire, sous l'ombrage des acacias, des marronniers et des platanes. Ce beau jardin, quelques jours auparavant encore si animé, offrait maintenant l'aspect d'un triste désert. Plus de chansons, plus de danses, plus de rondes, plus de joyeux cris. Les balles, les cerceaux, les volants, gisaient par terre, et les balançoires attendaient en vain celles qui, la veille, les mettaient si gaiement en branle.

Ces pensées remplissaient le cœur des jeunes filles, quand leurs réflexions furent interrompues par Mme Durand, qui venait les rejoindre.

— Mes amies, leur dit-elle, vous m'avez demandé tout à l'heure de continuer vos études pendant ces vacances; j'en suis heureuse, et je me ferai un plaisir de corriger moi-même, puisque les sous-maîtresses sont parties, vos devoirs chaque jour. Mais vous devez aussi avoir vos récréations, et tous les jeudis je sortirai avec vous. Nous tâcherons de donner à nos promenades un but utile et intéressant.

— Que vous êtes bonne, madame! répondit Elise.

— C'est donc entendu. Nous commencerons jeudi prochain ces petites excursions; mais il faudra vous lever de bonne heure, car j'ai l'intention de vous conduire aux halles. C'est un spectacle extrêmement curieux. Ainsi, préparez-vous et soyez sur pied dès cinq heures du matin.

Elise, Marie et Lucie, préoccupées par l'idée d'une promenade si matinale, dormirent peu la nuit précédente. Elles n'eurent donc pas de peine à être prêtes à temps, et elles étaient déjà tout habillées quand

Mme Durand vint les appeler. Une tasse de café bien chaud les attendait au réfectoire, et, après ce déjeuner improvisé, la petite société se dirigea vers les halles centrales dans une voiture retenue dès la veille.

— La construction des halles centrales, dit Mme Durand à ses élèves, a permis de réunir mieux qu'auparavant, et sur un seul point, ce qui constitue l'alimentation générale de Paris. De là tout rayonne ensuite et se distribue dans les divers quartiers qu'approvisionnent, en seconde main, d'autres marchés.

Cette heureuse concentration de produits alimentaires détermine, aux halles centrales particulièrement, un bon marché auquel la province, pas plus que l'ancienne banlieue, n'offre rien de comparable. Le poisson, la volaille et le gibier, la boucherie, les fruits, les légumes, classés par grandes divisions, dans le meilleur ordre, se touchent là sans se confondre, outre que la salubrité est des plus grandes.

Sous ces mêmes pavillons des halles, comme vous le verrez dans un instant, et tout près de cet immense détail, se trouve installée la vente à la criée de certains articles, tels que le poisson, le beurre, la boucherie. Il existe, en outre, sur divers points de Paris, des marchés spéciaux, comme celui de la volaille; quai des Grands-Augustins, les quatre marchés aux fleurs sur le même quai, place de la Madeleine, boulevard Saint-Martin et place Saint-Sulpice, enfin la halle aux huîtres pour la vente en gros, rue Montorgueil.

— Nous arrivons, dit Marie.

— Eh bien! descendons de voiture, reprit Mme Durand.

La directrice paya le cocher, et, suivie de ses élèves, pénétra dans le vaste édifice. Alors un spectacle tout nouveau pour elles occupa vivement toute l'attention des jeunes demoiselles.

— Procédons par ordre, dit Mme Durand, et visitons d'abord le pavillon consacré à la volaille et au gibier.

— Quelle immense quantité de poules et de poulets! s'écria Lucie.

— Voici un coq superbe, dit Elise.

— Ce volatile, reprit Mme Durand, a la démarche grave et lente, et, comme ses ailes sont fort courtes, il ne vole que rarement. Il gratte la terre pour chercher sa nourriture, avale autant de petits cailloux que de grains, et n'en digère que mieux. Il boit en prenant de l'eau dans son bec et levant la tête à chaque fois pour l'avaler. Comme vous pouvez le voir, son front est orné d'une crête rouge et charnue.

Le coq a beaucoup de soin et même d'inquiétude et de souci pour ses poules ; il ne les perd guère de vue ; il les conduit, les défend, les menace, va chercher celles qui s'écartent, les ramène, et ne mange que lorsqu'il les voit toutes manger autour de lui.

— J'ai déjà remarqué tout cela à la campagne, dit Marie. Rien n'est plus intéressant que d'étudier de près les mœurs de ces oiseaux de basse-cour.

— Le coq est l'horloge vivante du villageois, ajouta la directrice. Il annonce par son chant les heures de la nuit et l'approche du jour. Chaque matin, il appelle le travailleur à l'ouvrage.

— J'ai lu, dit Lucie, que, dans certaines localités, les paysans font battre des coqs entre eux.

— En effet, ma chère, et c'est là une coutume barbare, que l'on devrait interdire partout. Non contents de voir les coqs se battre avec leurs armes naturelles, des hommes cruels leur attachent aux pattes des lames tranchantes. Les deux adversaires se placent en face l'un de l'autre, leurs yeux étincellent, leurs plumes se hérissent, et, la tête penchée, ils se préparent au combat. Bientôt ils se frappent à grands coups de bec, et, à l'aide de leurs pattes, se mettent le corps tout en sang. Presque toujours les deux combattants expirent en même temps sur le sable de l'arène.

— Mais les poules ne sont pas si féroces? demanda Marie.

— Oh! non. Toute leur sollicitude est pour leurs petits. Ce sont elles qui nous donnent tous ces œufs que vous voyez là-bas. Elles pondent presque toute l'année. Lorsqu'elles couvent, elles restent sur leurs œufs, avec une constance admirable, pendant vingt et un jours, au bout desquels les poussins éclosent. Pour sortir de l'œuf, ils attaquent la coquille à coups de bec : c'est ce qu'on appelle *bêcher*. Souvent la fermière doit les aider à briser la coque, lorsqu'ils sont trop faibles pour y parvenir.

Dès que les poussins sont éclos, la poule, sans cesse occupée d'eux, ne cherche de la nourriture que pour eux, gratte la terre, et les appelle dès qu'elle a trouvé de quoi les nourrir. Elle les met sous ses ailes, à l'abri des intempéries, les couve pour ainsi dire une seconde fois, et s'expose à tout pour les défendre. Cette mère, si faible et si timide auparavant, devient intrépide par tendresse, et par ses cris redoublés, ses battements d'ailes et son audace, elle parvient à éloigner de ses poussins même les oiseaux carnassiers.

Lorsqu'on lui a donné à couver des œufs de canard ou de tout autre oiseau de rivière, son affection n'est pas moindre pour ces étrangers qu'elle le serait pour ses propres petits. Et lorsqu'ils vont, guidés par la nature, s'ébattre ou se plonger dans la rivière voisine, c'est un spectacle singulier de voir la surprise, les inquiétudes, les transes de cette pauvre mère qui, ne pouvant les suivre au milieu des eaux, s'agite incertaine sur le rivage, sans oser porter secours à sa couvée qu'elle croit en péril.

— Voyez, madame, dit Lucie, cette collection de dindes et de dindons. D'où ces oiseaux sont-ils originaires?

— D'Amérique, ma chère enfant. Le dindon est le plus remarquable des oiseaux de basse-cour par la grandeur de sa taille. Sa tête, dénuée de plumes, est recouverte, ainsi qu'une partie du cou, d'une peau bleuâtre, chargée de mamelons rouges et blanchâtres. Le dindon est vorace et s'engraisse avec facilité.

— J'ai eu jadis extrêmement peur d'un dindon, dit Elise. Il s'avançait sur moi tout en colère, en poussant des cris. Sa tête charnue rougissait, se gonflait, et, en même temps, ses plumes se hérissaient, sa queue se relevait en éventail et ses ailes s'abaissaient jusqu'à traîner à terre.

— C'était un vieux mâle de dindons,

répondit Mme Durand ; ils sont souvent méchants et querelleurs, et il leur arrive de blesser mortellement une poule en deux ou trois coups de bec. La vue des étoffes rouges les jette parfois dans de véritables accès de fureur, et alors ils attaquent les femmes et les enfants....

— Je portais précisément ce jour-là un grand tartan à carreaux rouges, ajouta Élise. Mais voici des oies : sont-elles aussi méchantes que les dindons ?

— Les oies, au contraire, sont d'une humeur très pacifique, et l'on doit d'autant plus leur en savoir gré, qu'elles ne manquent ni de force ni de courage ; mais elles s'en servent pour se défendre et jamais pour attaquer. Le mâle, qu'on appelle un *jars*, ne quitte pas sa femelle pendant tout le temps qu'elle est occupée à couver, et se pose à son tour sur les œufs lorsqu'elle est forcée de les quitter pour aller boire et manger. Plus tard, lorsque les oisons sont éclos, il accompagne la mère et veille avec elle sur les petits. Sa sollicitude paternelle est très grande, et il ne souffre pas que les chiens ni les étrangers s'approchent trop près de sa famille. Au moindre danger, il jette un cri de détresse ; et s'il se trouve d'autres mâles dans le voisinage, ils s'élancent à son secours et forment bientôt un bataillon redoutable.

— J'ai entendu dire qu'on plumait les oies vivantes. Cela est-il vrai, madame ? reprit Elise. Ce procédé me semblerait bien barbare....

— Les oies fournissent deux espèces de plumes : celles qui servent à écrire, et celles qu'on appelle le duvet. On recueille les premières à l'époque de la mue ou après la mort de l'animal. Pour le duvet, c'est différent. Si l'on attendait qu'il tombât, il serait impossible de le recueillir; le vent l'emporterait au loin. Il faut donc l'arracher quand il commence à se détacher et qu'il ne tient presque plus. Faite en temps opportun et avec ménagement, cette opération est peu douloureuse pour les oies.

— Et à quoi sert ce duvet? demanda Lucie.

— Il se vend très cher, mon amie. On en fait des édredons et des matelas dits lits de plumes.

— Tout ce que vous venez de nous dire, madame, semble une protestation contre le proverbe : Stupide comme une oie ! N'est-ce pas vrai? dit Marie.

— En effet, on a tort de regarder l'oie

comme une bête stupide. Elle est vigilante, son sommeil est léger, elle se réveille au moindre bruit. Elle est même aussi propre que quelques chiens à garder la nuit une maison de campagne ; car, dès qu'elle entend quelque chose, elle ne cesse de jeter des cris. On en cite un exemple fameux dans l'histoire de Rome, où elle était au rang des oiseaux sacrés pour avoir averti les Romains de l'approche des Gaulois prêts à s'emparer du Capitole. Un paysan normand m'a assuré qu'il avait vu deux oies abattre adroitement d'un coup d'aile des pièges tendus pour prendre des oiseaux, et manger elles-mêmes le grain servant d'appât, sans risques ni périls.

— Arrêtons-nous un instant devant ces canards, dit Elise. J'en vois ici de plusieurs espèces, madame.

— Ce gros canard, décoré d'excrois- sances rouges comme le dindon, est le canard de Barbarie. Les autres sont des canards sauvages et des canards de basse- cour. C'est vers le 15 octobre que paraissent en France les premières bandes de canards sauvages. C'est dans la Picardie que l'éducation des canards domestiques est la mieux soignée, et que la chasse des sauvages est la plus fructueuse, au point même d'être pour le pays un objet de revenu assez considérable.

Le canard pond dix, quinze et jusqu'à dix-huit œufs; ils sont d'un blanc verdâtre. Chaque fois que la femelle quitte ses œufs, même pour un petit temps, elle les enve- loppe dans le duvet qu'elle s'est arraché pour en garnir son nid. Jamais elle ne s'y rend au vol. Elle se pose cent pas plus

loin, et, pour y arriver, elle marche avec
défiance, en observant s'il n'y a pas d'ennemis ; mais, lorsqu'une fois elle s'est tapie
sur ses œufs, l'approche même d'un homme
ne les lui fait pas quitter. Au bout de trente
jours, les petits naissent tous dans la même
journée, et la mère les appelle à l'eau.
Timides et frileux, ils hésitent et même
quelques-uns se retirent ; néanmoins le
plus hardi s'élance après la mère, et
bientôt les autres le suivent. Une fois sortis
du nid, ils n'y rentrent plus ; et quand le
nid se trouve posé loin de l'eau ou qu'il
est trop élevé, le père et la mère les
prennent à leur bec, et les transportent l'un
après l'autre sur la rivière. Le soir, la mère
les rallie et les retire dans les roseaux, où
elle les réchauffe sous ses ailes pendant la
nuit. Tout le jour, ils guettent à la surface

de l'eau et sur les herbes les moucherons et autres insectes qui font leur première nourriture : on les voit plonger, nager et faire mille évolutions sur l'eau avec autant de vitesse que de facilité.

C'est une opinion reçue sur les bords de la Loire, de Tours à la mer, que les canards sortis d'œufs pondus par les canes sauvages sont plus familiers, plus intelligents, plus attachés que ceux de la race domestique, et des observations nombreuses semblent justifier cette croyance. Ainsi, moi-même je pourrais vous citer les canards d'un de mes parents qui passent leur vie sur la Loire, s'écartent à plus de deux ou trois kilomètres de la ferme, et cependant y rentrent tous les soirs, après avoir décrit de grands cercles au-dessus de la maison. Le jour, d'aussi loin qu'ils peuvent entendre

la voix de leur maître, ils arrivent à tire-
d'aile au premier appel, et se laissent
prendre. En hiver, lors du passage des
canards sauvages, au lieu de déserter avec
eux, ils ont plusieurs fois ramené des
étrangers au poulailler.

— Cela me paraît avantageux pour le
fermier, fit observer Marie. Mais, madame,
il doit en être de même des pigeons, car
j'ai souvent entendu dire que ces oiseaux
désertent souvent leur colombier pour aller
se fixer ailleurs? En tout cas, voici une
énorme quantité de pigeons de toutes les
couleurs.

— Oui, les pigeons domestiques, quand
ils ne sont pas bien soignés par leur maître,
le quittent assez facilement, répondit
Mme Durand. Néanmoins, ils restent ordi-
nairement fidèles.

— Il doit y avoir un grand nombre d'espèces de pigeons? demanda Lucie.

— Un très grand nombre; mais le biset est la souche primitive de tous les pigeons domestiques. Quant aux pigeons de volière, tels que les pigeons voyageurs, ils ne manquent jamais de revenir au gîte. Vous savez que ces pigeons ont rendu de grands services, pendant la triste guerre de 1870, en portant les nouvelles et les dépêches hors des places assiégées.

Les pigeons sont très sensibles à la musique. Non seulement ils s'arrêtent ravis, comme en extase, à écouter le chant des autres oiseaux, le murmure du zéphyr dans les arbres, le bruit de l'eau qui roule sur les cailloux, mais les sons d'une flûte ou des instruments à cordes les attirent si puissamment, qu'ils abandonnent leurs nids. J'ai lu l'histoire d'un pigeon ramier qui, malgré les coups de fusils des chasseurs, malgré les poursuites des oiseaux de proie, venait plusieurs fois durant le jour se poser sur la fenêtre d'une jeune fille pour l'entendre jouer du piano.

Vous voyez qu'on fait un très grand commerce de pigeons ; aussi un colombier bien entretenu rapporte-t-il beaucoup à son propriétaire.

Mais nous nous sommes déjà tant promenées dans toutes ces galeries : n'êtes-vous pas fatiguées, mes amies ?

— Oh ! pas du tout, madame, répondit Lucie.

— Eh bien ! faisons encore quelques tours avant de rentrer à la pension, dit Mme Durand. Et d'abord, voyons ces lapins, dont il se fait à Paris une consommation énorme.

Bien que la chair du lapin ne soit pas aussi recherchée que celle de plusieurs animaux de basse-cour, elle n'en est pas moins recommandable ; il est certain d'ailleurs qu'elle acquiert un goût très délicat par le choix d'aliments féculents et aromatiques.

Doué de plus d'instinct que le lièvre, le lapin sauvage sait se creuser un terrier pour s'y tenir chaudement pendant l'hiver et s'y mettre à l'abri de ses nombreux ennemis. La femelle en travaille un à part pour y déposer ses petits. Là, elle met en œuvre tout le talent d'un mineur et toute la sollicitude d'une mère. Elle y porte de la paille, du foin, et enfin elle s'arrache les poils du ventre pour envelopper ses lapereaux.

Mais il faut les dérober à la fureur du mâle, qui cherche à détruire sa progéniture. A cet effet, elle dissimule l'entrée du nid, la bouche avec de la terre qu'elle foule avec ses pattes, et ne s'y rend qu'en cachette, le matin et le soir, afin d'allaiter ses petits. Vers le trentième jour, les lapereaux sont assez forts, la mère les conduit au pâturage, et enfin ils abandonnent le lieu qui les a vus naître.

Tout l'instinct du lapin est un instinct de fuite. Il n'a point d'odorat, mais en revanche il possède une ouïe très fine et de bonnes jambes. D'ailleurs, il passe son temps à manger et à dormir, soit dans son gîte, soit au soleil. Le sentier qu'il a parcouru la veille, il le parcourra demain, après-demain et toujours. Voilà pourquoi il est si accessible aux chasseurs.

La fécondité du lapin est vraiment prodigieuse. Dans certaines contrées, ils détruisent les herbes, les racines, les grains, les fruits. les légumes, et même les arbrisseaux et les arbres. Les fermiers éprouvent par ce fait des préjudices considérables.

Mais tous les lapins que vous voyez ici ne sont pas des lapins sauvages : ce sont des lapins domestiques élevés en vue du commerce et dont la constitution a été beaucoup modifiée par l'homme. Exempts des dangers qui troublent la vie de leurs congénères des bois, ils sont devenus plus gros, grâce à la bonne nourriture qu'ils ont reçue et à leur régime sédentaire.

Chaque département français possède plusieurs variétés ou races de lapins domestiques. Le lapin rouennais, dont le poids dépasse six kilogrammes, a le poil gris argenté, les oreilles longues, la tête effilée, la croupe vaste et arrondie : c'est une des plus belles espèces. Je vous citerai aussi le lapin de Provence, qui atteint le même poids, mais dont le poil est fauve et la tête plus ronde. Bref, on élève des lapins à peu près partout, de toute espèce et de toute grosseur. Le poil du lapin est employé dans la chapellerie et pour certains tissus. Avec sa peau, on apprête des fourrures communes.

Ici Mme Durand cessa de parler. Les jeunes élèves parcoururent le pavillon aux fruits et aux légumes au milieu d'une foule d'acheteurs. C'était un remue-ménage, un va-et-vient perpétuel. Enfin l'excellente directrice donna le signal du départ, et la petite société rentra bientôt au pensionnat, fort satisfaite de cette promenade matinale.

FIN.

Rouen. — Imp. MÉGARD et Cᵒ, rue Saint-Hilaire, 136.